我与自然的第一次亲密接触

花

[英] 安妮塔·加尼瑞　　[英] 大卫·钱德勒　　著
Anita Ganeri　　　　David Chandler

刘 颖 译

江苏凤凰美术出版社

知了科普馆

　　知了科普馆是江苏凤凰美术出版社打造的童书科普品牌。我们旨在融合趣味性、知识性和艺术性为一体，把晦涩的知识潜移默化于小读者的心中，让他们勇敢地去探索这个世界。在培养孩子对科学知识的好奇心和创新思维的同时，提升他们的审美眼光。已出版的有低幼科普贴纸认知系列《我的自然博物馆》，青少年科普读物《时间的奥秘》与《地图的演变》，这两册图书获得广大读者、出版届的一致好评，于2015年荣登中国好童书榜，并摘取"桂冠童书"称号。

目 录

引 言

我们生活在花的世界里，有亮黄的毛茛、艳红的虞美人……令人眼花缭乱。

本书带你认识多种常见的野花，并介绍它们的生长习性。寻花、赏花，更要惜花，因为美丽的事物值得大家共享哦！

书后有一个"探索指南"，看看你能记住多少种花名，也可以写下你认出的花名，或者画出你看到的花。

和我们一起踏上赏花之旅吧！

毛茛
gèn

毛茛生于多草的地方，花朵为亮黄色。成片成片的毛茛看起来金灿灿的。

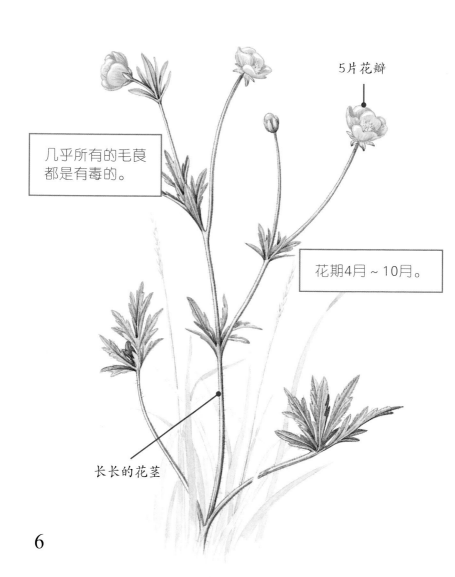

5片花瓣

几乎所有的毛茛都是有毒的。

花期4月～10月。

长长的花茎

白屈菜

白屈菜的花朵为亮黄色，花瓣数目比毛茛多。生长于草丛、树林及多草的河畔。

花期2月～5月。

黄色

背阴生长，昼开夜合。

明亮的心形叶片

黄花九轮草

每年4月～5月是黄花九轮草盛放的时节，高高的花茎上开出一簇簇黄色的花朵。生长在多草的地方和树林中。

黄花九轮草在英文中叫"Cowslip"，意为"牛粪"。

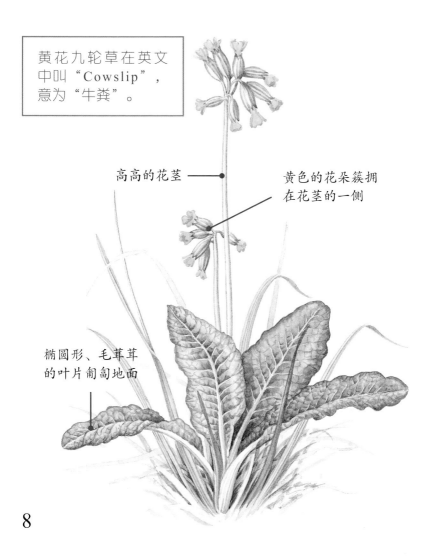

高高的花茎

黄色的花朵簇拥在花茎的一侧

椭圆形、毛茸茸的叶片匍匐地面

报春花

报春花和黄花九轮草长得很像，但报春花的每枝花茎上只长一朵花。生长于树林、树篱及旷地。

报春花年初开放，花期1月～6月。

深黄色

浅黄色

毛茸茸的花茎

9

婆婆纳

婆婆纳的花朵为蓝色，生长在多草的地方，又称"猫眼花"。

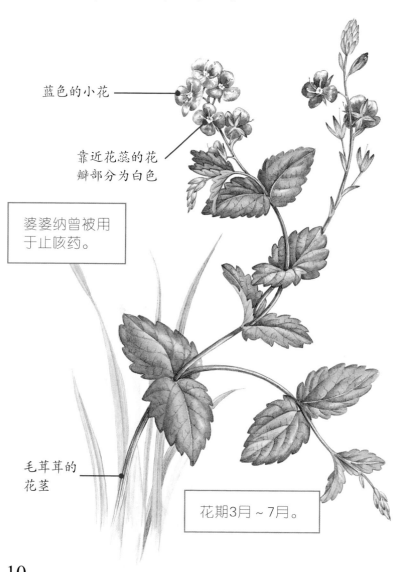

蓝色的小花

靠近花蕊的花瓣部分为白色

婆婆纳曾被用于止咳药。

毛茸茸的花茎

花期3月~7月。

蓝铃花

春天时，你总能在树林中或山坡上发现大片的蓝色的风铃状小花，那就是蓝铃花。成串的花朵向花茎的一侧下垂。

蓝铃花具有浓烈的甜香味。

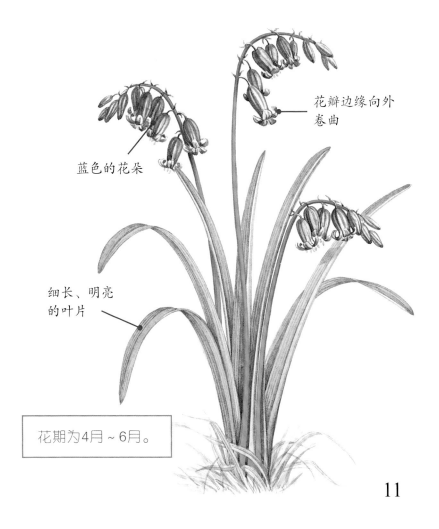

花瓣边缘向外卷曲

蓝色的花朵

细长、明亮的叶片

花期为4月~6月。

11

圆叶风铃草

　　圆叶风铃草生长于多草的地方、悬崖及沙丘。它的花朵是蓝色的，犹如风铃，开在长长的花茎上。

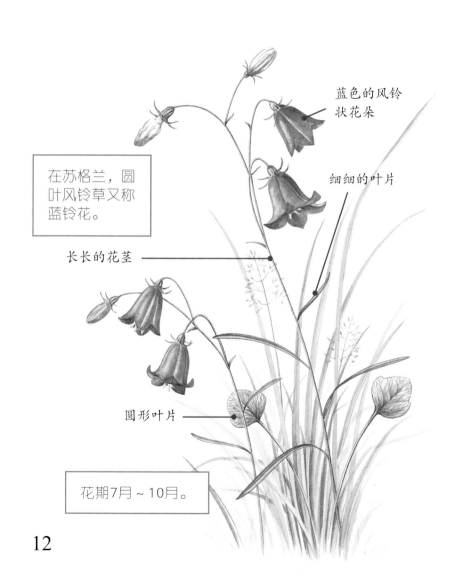

蓝色的风铃状花朵

细细的叶片

在苏格兰，圆叶风铃草又称蓝铃花。

长长的花茎

圆形叶片

花期7月～10月。

犬蔷薇

犬蔷薇是一种野生蔷薇，甜香袭人，生长在树林、树篱及灌木丛中。小心它的花枝上长满了尖刺哦！

犬蔷薇的果实为鲜红色，被称为"蔷薇果"。

花期为5月~7月。

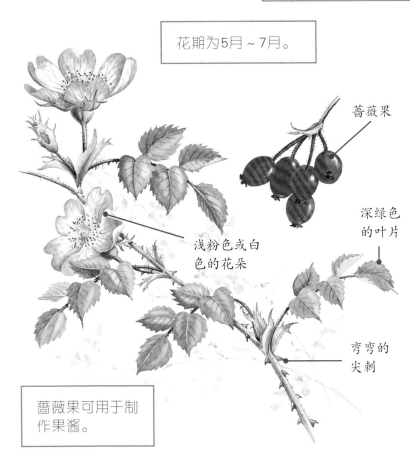

蔷薇果

浅粉色或白色的花朵

深绿色的叶片

弯弯的尖刺

蔷薇果可用于制作果酱。

柳 兰

柳兰成片生长在铁道、河流及道路边或荒野地段上。花园里也常常见到它们的身影。

花穗

柳兰的种子轻盈蓬松，随风飞舞，被人们称为"紫色的精灵"。

深粉色的花朵

花期为6月～9月。

又薄又尖的叶片

欧石楠

欧石楠生长于荒野、沼泽和灌木中。枝叶丛生，匍匐地面。花开时节，成片的欧石楠使荒野成为紫色的花海。

欧石楠可用于制作扫帚和绳子。

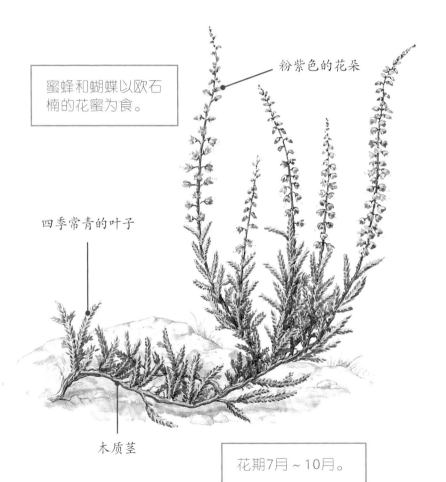

蜜蜂和蝴蝶以欧石楠的花蜜为食。

粉紫色的花朵

四季常青的叶子

木质茎

花期7月～10月。

红石竹

红石竹成片生长于树林、灌木篱墙及道路边。花期为3月～11月。

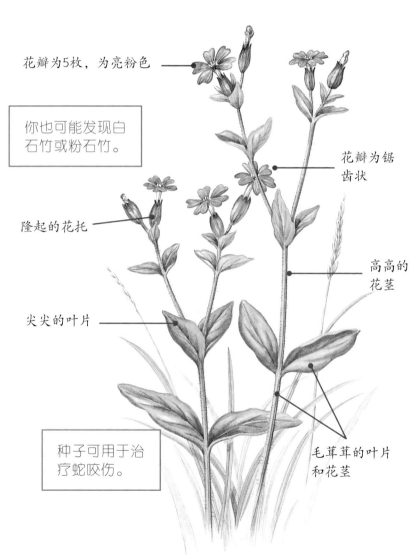

花瓣为5枚，为亮粉色

你也可能发现白石竹或粉石竹。

花瓣为锯齿状

隆起的花托

高高的花茎

尖尖的叶片

种子可用于治疗蛇咬伤。

毛茸茸的叶片和花茎

16

毛地黄

毛地黄的花茎较高。每枝花茎上可以开出很多花朵，长得低的花朵，开放时间早。花期6月～9月。

> 毛地黄有剧毒。

> 花瓣内侧有深色的斑点。

粉色的花朵（有时为白色）

花瓣内侧深色的斑点能指引蜜蜂采蜜

高高的花茎

毛茸茸、软绵绵的叶片

大野豌豆

花茎末端长出卷曲的蔓，有助于大野豌豆攀附生长。大野豌豆生长于灌木树篱和多草的地方。

大野豌豆是一种豆类植物。

卷曲的小叶片（被称为"卷须"）有助于攀附生长

花期4月～9月。

虞美人

虞美人有红色的大花朵，易于识别。生长于路边、农场或荒野地段上。花期6月～10月。

花瓣凋落后，花茎顶端结出种子。

4片花瓣，为艳红色

黑色（并不总是黑色）

尖尖的叶子，左右并排生长

一株虞美人可结出数千颗种子。

长长的、毛茸茸的花茎

19

雪花莲

雪花莲的花期较早，为1月~3月。生长于树林中及灌木篱墙边。

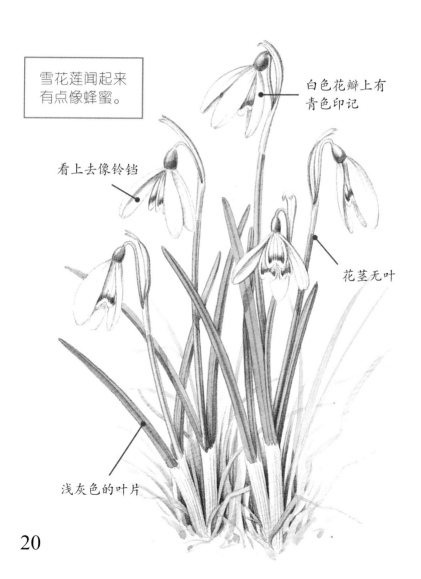

雪花莲闻起来有点像蜂蜜。

白色花瓣上有青色印记

看上去像铃铛

花茎无叶

浅灰色的叶片

峨 参

é

峨参的花呈伞形，由许多小白花组成。通常沿道路生长。

峨参的花期为4月～6月。

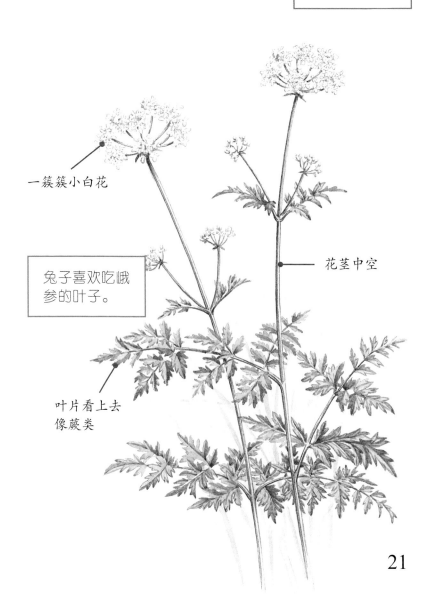

一簇簇小白花

兔子喜欢吃峨参的叶子。

花茎中空

叶片看上去像蕨类

21

白三叶草

白三叶草生长于花园或路边，看着像柔软、粉白相间的小球。叶片呈心形。花期5月～10月。

三叶草也有红色的。

长长的花茎顶端的花朵

白色和浅粉色相间

3片叶子为一组

四叶的三叶草能带来好运。

心形叶片

雏 菊

雏菊的花瓣是白色的，中央的花盘是黄色的，生长在花园及公园的低矮草丛中。一年四季都可开花。

雏菊昼开夜合。

雏菊的英语是"daisy"，意为"白天的眼睛"（day's eye）。

白色的花瓣

黄色的花盘

浅红色的边缘

花茎无叶

叶片靠近地面生长

翼蓟

翼蓟长有许多尖刺，易于识别。生长于多草的地方以及荒野地段上。花期7月~10月。

秋天时，翼蓟结出毛茸茸的种子，这些种子随风飞舞。

粉紫色的花朵

带刺的小球球

带刺的花茎

带刺的叶片

蝴蝶喜爱花朵，金翅雀以种子为食。

百脉根

百脉根通常生长在沿海的草丛中。这种野花的种荚看上去像鸟足，故又称"鸟足豆"。

百脉根花期5月~9月。

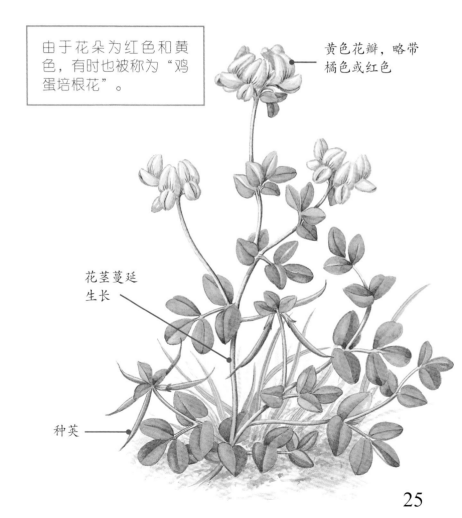

由于花朵为红色和黄色，有时也被称为"鸡蛋培根花"。

黄色花瓣，略带橘色或红色

花茎蔓延生长

种荚

蒲公英

蒲公英生长于多草的地方、花园及荒野地段上。花朵为亮黄色。花茎中空，被折断后将渗出乳白色的汁液。

蒲公英的种子看上去像白色的毛茸茸的球。这是蒲公英的花絮，吹一吹就飞起来了。

亮黄色

花期3月~10月。

花茎中空

锯齿形叶片

蒲公英的叶子可用于制作沙拉。

海石竹

　　海石竹生长在海边的悬崖上。花朵为粉色，叶片细长且有弹性。

> 海石竹原本生长在大海的边上，因此得名"海石竹"。

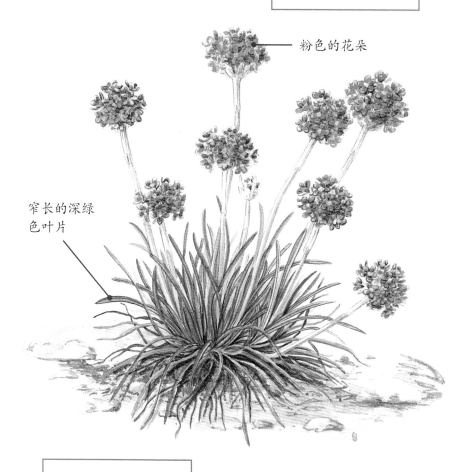

粉色的花朵

窄长的深绿色叶片

> 花期为4月~8月。

罗伯特氏老鹳草

罗伯特氏老鹳草背阴生长，花期为4月～11月。花朵为粉色，叶子和花茎通常为浅红色。

这种草也被叫作"臭罗伯特"或"臭波波"，因为它的味道很大。

粉色的花朵

绿色或浅红色的叶片

花茎通常为浅红色

圆叶锦葵

圆叶锦葵长得较为粗大，花朵为粉色。生长于多草的地方及荒野地段上。

叶片的黏性汁液有助于缓解咬伤和刺伤。

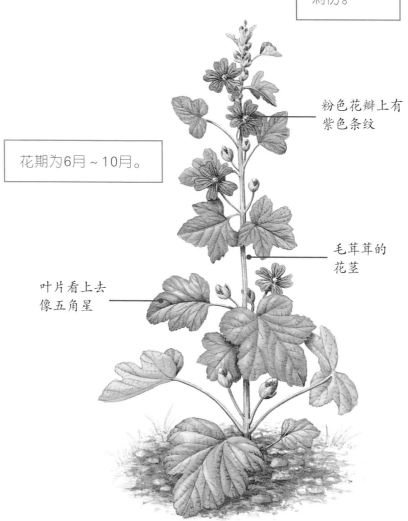

粉色花瓣上有紫色条纹

花期为6月～10月。

毛茸茸的花茎

叶片看上去像五角星

斑叶阿诺母

斑叶阿诺母外形奇特，生长于树林里及灌木篱墙边。花期为4月～5月。

秋天时，斑叶阿诺母结出艳红色的浆果，有毒性。

奇特的叶片围绕着花朵和花穗

有点发紫的或紫色的斑点

紫色的花穗

叶片看上去像箭头，上面可能有黑色斑点

斑叶阿诺母也被称为"领主与夫人"。

起绒草

起绒草是一种多刺植物，可高于成年男子。生长于路边、河畔、荒野地段及潮湿的草地上。头状花序多刺，形似松果，花序上有紫色的花朵。

起绒草的花期为7月～8月。

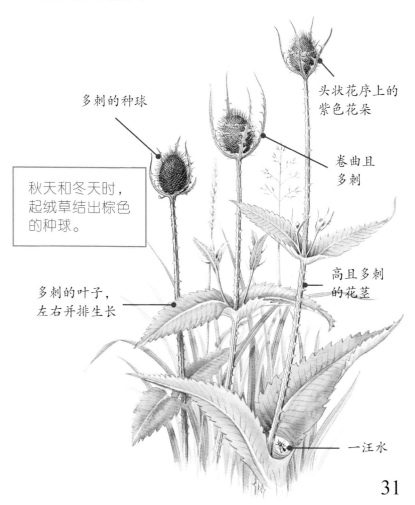

多刺的种球

头状花序上的紫色花朵

秋天和冬天时，起绒草结出棕色的种球。

卷曲且多刺

多刺的叶子，左右并排生长

高且多刺的花茎

一汪水

31

野生紫罗兰

野生紫罗兰的植株较小，花朵为紫色。
生长在树林中。花期为3月～6月。

野生紫罗兰
没有香味。

紫色

灰白色

深色的叶脉

长长花茎上的
心形叶片

野生紫罗兰还生长于多草的地
方、荒野地带及沼泽地带上。

荨 麻

小心——荨麻上长满了刺人的尖毛！这能非常有效地保护它不被动物（比如兔子）吃掉。花期为6月~10月。

蝴蝶常在荨麻上产卵。

绿色的小叶片

叶互生，叶片毛茸茸的、尖尖的

荨麻可以熬汤。

光滑的花茎上长满了尖毛

33

繁 缕

　　繁缕的花朵为白色，小而密，常常铺满花园、农场及荒野地段。

因鸡喜食繁缕，故别称"鸡儿肠"。

白色的花朵

叶对生，有叶柄

花茎上长有一排排小毛

法兰西菊

法兰西菊是一种大型雏菊，花朵为黄色和白色。通常成片生长于多草的地方、树林、路边及荒野地段上。

法兰西菊又名"滨菊"或"牛眼菊"。

白色

黄色

叶片贴近花茎

高高的花茎

花期为5月~9月。

毛蕊花

毛蕊花是一种多毛植物，植株高大，顶端有黄色的穗状花序。花期为6月~8月。生长于多草的地方、灌木丛中及荒废土地荒野地段上。

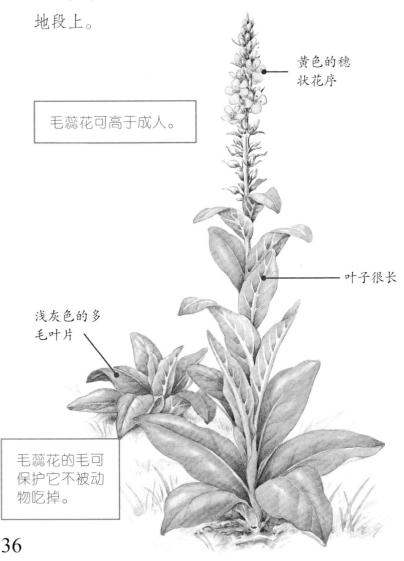

黄色的穗状花序

毛蕊花可高于成人。

叶子很长

浅灰色的多毛叶片

毛蕊花的毛可保护它不被动物吃掉。

36

大猪草

大猪草是一种大型植物，叶片较大，花朵较小且为白色。花期为4月~11月。生长于路边、多草的地方及树林里。

大猪草是危险性很高的植物。

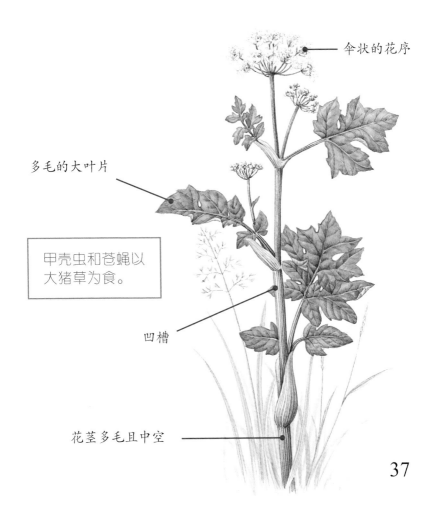

伞状的花序

多毛的大叶片

甲壳虫和苍蝇以大猪草为食。

凹槽

花茎多毛且中空

黄菖蒲

黄菖蒲的植株高大，花朵为亮黄色。花期为5月~8月。生长于池塘、湖泊及河流边或沼泽中。

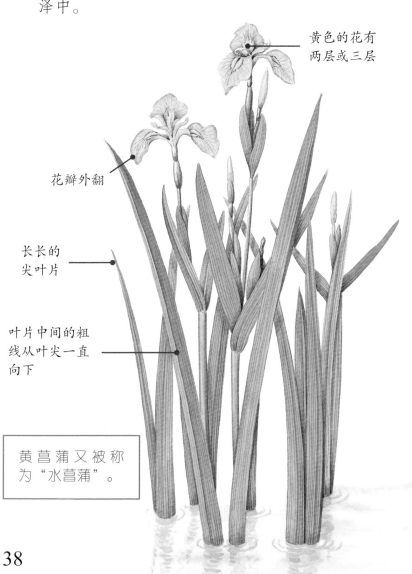

黄色的花有两层或三层

花瓣外翻

长长的尖叶片

叶片中间的粗线从叶尖一直向下

黄菖蒲又被称为"水菖蒲"。

银叶花

银叶花生长在裸露的土壤上或潮湿的草丛中，植株接近地面。花朵为黄色，叶片背面为银色。花期为5月~8月。

人们将银叶花塞在鞋子里，防止脚疼。

黄色的花朵

银色的多毛叶片

锯齿形边缘

同花母菊

同花母菊是一种小型植物。花朵外形奇特，看上去像菠萝。生长于路面及荒野地段上。

同花母菊的花期为5月～11月。

黄绿色

柔软的叶片

花茎上生有许多花枝

抓一些叶子闻一闻，气味类似于菠萝。

词语学习

单叶互生：每一个节上只长一片叶子，且各节交互长出。

花茎：植物的茎，用来支撑叶子、果实和花。

花蜜：花朵分泌出的甜味液体，以吸引昆虫。

花序：花朵排列在花轴上的次序。

金翅雀：一种鸟，体形娇小，五彩羽毛，脸部为鲜红色。

蕨类： 一种植物，无花，叶片柔软。

木质茎：有些植物的茎很坚固，内部含有木材，而且寿命较长，生长的时间从数十年到几千年都有，我们称为"木质茎"。具有这种茎的植物被称为"木本植物"。

穗状花序：花朵数目很多，没有花柄，排列在花轴上。

头状花序： 花轴顶端宽大平坦成盘状或球状，密生许多没花柄的小花。

叶对生：叶子在茎或枝条的同一位置对称生长。

探索指南

这些花你见过多少种？每张图下面都有一个方框，找到了就在里面打一个钩吧。

毛茛
第6页

白屈菜
第7页

黄花九轮草
第8页

报春花
第9页

婆婆纳
第10页

蓝铃花
第11页

圆叶风铃草
第12页

犬蔷薇
第13页

柳 兰
第14页

欧石楠
第15页

红石竹
第16页

毛地黄
第17页

大野豌豆
第18页

虞美人
第19页

雪花莲
第20页

峨 参
第21页

白三叶草
第22页

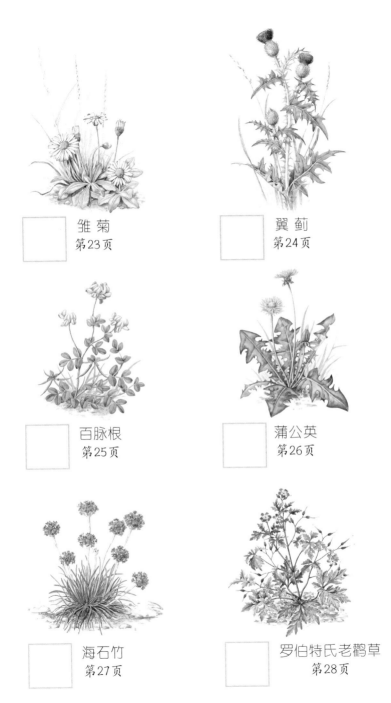

雏 菊
第23页

翼 蓟
第24页

百脉根
第25页

蒲公英
第26页

海石竹
第27页

罗伯特氏老鹳草
第28页

圆叶锦葵
第29页

斑叶阿诺母
第30页

起绒草
第31页

野生紫罗兰
第32页

荨 麻
第33页

繁 缕
第34页

46

法兰西菊
第35页

毛蕊花
第36页

大猪草
第37页

黄菖蒲
第38页

银叶花
第39页

同花母菊
第40页

47

图书在版编目（CIP）数据

我与自然的第一次亲密接触. 花 / (英) 加尼瑞,(英) 钱德勒著；
刘颖译. -- 南京：江苏凤凰美术出版社，2016.6
　ISBN 978-7-5580-0143-7

Ⅰ. ①我… Ⅱ. ①加… ②钱… ③刘… Ⅲ. ①花卉—
少儿读物 Ⅳ. ①N49

中国版本图书馆CIP数据核字(2016)第026706号

The First Book of FLOWERS
Text copyright © Anita Ganeri and David Chandler 2014
This translation of The First Book of FLOWERS is published by
Jiangsu Phoenix Fine Arts Publishing House by arrangement with Bloomsbury Publishing Plc.
Simplified Chinese Edition Copyright © 2016 by Jiangsu Phoenix Fine Arts Publishing House
All rights reserved.

著作权合同登记图字：10-2014-510

责任编辑	高　静　沈小玥
专业审读	刘　佳　袁　屏
责任校对	赵　菁
责任监印	徐　屹

书　　名	我与自然的第一次亲密接触.花
作　　者	（英）安尼塔·加尼瑞
	（英）大卫·钱德勒
译　　者	刘　颖
出版发行	凤凰出版传媒股份有限公司
	江苏凤凰美术出版社（南京中央路165号 邮编：210009）
出版社网址	http://www.jsmscbs.com.cn
经　　销	凤凰出版传媒股份有限公司
印　　刷	南京精艺印刷有限公司
开　　本	889mm×1194mm　1/32
印　　张	1.5
版　　次	2016年6月第1版　2016年6月第1次印刷
标准书号	ISBN 978-7-5580-0143-7
定　　价	10.00 元